KEXUE ANIMAL CITY
AMAZING ANIMAL NEIGHBORS

嗑学动物城
了不起的动物邻居

嗑叔 著　如意 绘

民主与建设出版社
·北京·

前言

亚欧大陆是虎的起源地，老虎也只分布在亚欧大陆及附近的部分岛屿，我们用老虎皮毛的橙色设计了亚欧大陆居民的身份证。

这里除了各种濒危珍贵的老虎，还有生活在草原和荒漠地带的猫科动物——兔狲。

他们拥有猫科中最浓密的皮毛，脸上总是一副气呼呼的样子！

这里有生活在海拔最高地区的大型猫科动物——雪豹。

他们为什么被称为"雪山幽灵"？他们为什么选择生活在如此高寒、缺氧的地方？

东南亚的热带雨林地区还有美丽的冷艳杀手——兰花螳螂。

他们将全身伪装成一朵美丽的鲜花，却手持砍刀充满杀气。

......

注意，亚欧大陆的居民脾气都很较真，他们不喜欢走马观花式的拜访。

让我们"心有猛虎，细嗅蔷薇"，一起细细了解来自亚欧大陆的神奇物种吧！

嗑叔

阅读指南

在开始阅读之前，我们可以通过"身份证"
了解动物居民的基本情况：

1

姓名

包括中英文2种，有些
动物名字很多，一般采
用最常用的一个。

2

证件照

这是他们自己最喜欢的个
人照片，每位居民都拥有
自己独特的穿衣品味。

3

冷知识

这是关于他们的一些有趣
的知识，认真阅读，有助
于理解后面的内容。

大熊猫的儿

2

4 民族

这是他们的基本生物学分类，一般采用"目－科－属"三个层级。

家庭住址

这是他们主要分布的区域（他们也有可能因为迁徙、物种入侵等存在于其他大陆）。

最爱吃的食物

这里是他们最喜欢吃的几种食物，基本不需要任何烹饪加工。

睡觉的地方

他们虽然不在床上睡觉，但也需要寻找一个隐蔽安全的角落休息。

亚欧大陆居民卡
Eurasian Animal ID Card

民族：食肉目－熊科－大熊猫属
家庭住址：中国四川、陕西、甘肃等地
最爱吃的食物：竹子
睡觉的地点：树上、山洞等
个人爱好：爬树
座右铭：心宽体胖，佛系家长

EURASIAN ANIMAL ID CARD
NO.01

大熊猫
Giant panda

800万年

熊猫已经有至少 800 万年的历史了。人们首先通过研究化石了解了熊猫，然后才在中国发现了活的大熊猫，因此大熊猫也被称为"活化石"。

他每天要吃约 20 千克竹子，为此演化出了一根"伪拇指"，这样可以更好地抓握竹子。

基因研究证实，大熊猫的鲜味味觉基因失去功能，因此他们尝不出肉味，从此不再羡慕吃肉的生活，做起了"和尚"。

伪拇指

TRIVIA 关于他的冷知识

3

个人爱好

看看他们的爱好和你有什么不一样吧!

人生格言

动物也有自己的原则和梦想! 这和他们的生存方式有关。

阅读指南

5

小故事

我们设计了精美的插图，帮助大家更好地理解正文中的内容。

6

注释

这是对本页插图的介绍，你可以用自己的方式介绍给身边的朋友吗？

100g

大熊猫宝宝的童年：大肉虫—彩色照片—黑白照片

　　大熊猫宝宝出生时体重平均只有100克，个头只有母熊的千分之一。为了防止被妈妈一屁股坐死，宝宝需要大声哭喊，发出尖锐的叫声，提醒当妈的小心。大熊猫妈妈如果生了双胞胎，只会抚养其中一个，丢掉另外一个。这时，就需要用食物吸引她的注意力，偷走其中一个宝宝，下一次再换另外一个，这样"熊不知鬼不觉"地就把两个孩子都喂大了。所以，你要问国宝是怎么来的，那真是"买一送一"，用苹果和牛奶换来的。

4

7 正文

这本书的文案追求简洁通俗、朗朗上口，欢迎大小朋友们一起大声朗读。

约一个月后，大熊猫宝宝就从 100 克长到 2 千克，从"彩色照片"变成了"黑白照片"。他属于早产儿，身体发育不完全，得靠"手动挡"来进行排尿，一排就是老半天，真是一把尿一把尿"抖"到大的。等到能自主排尿时，大熊猫宝宝开始尿床，尿湿了身体，容易感冒发烧打喷嚏，打湿了还得当妈的来处理，于是熊猫宝宝又得练习倒立撒尿。毕竟，尿得高又高，方为大熊猫；尿得不高，女朋友都有可能找不到！

大熊猫妈妈生娃全看心情，就算怀了孕，她也可以自动停止妊娠，说不生，就不生。她自己都还是个宝宝，带娃也很随意，有口吃的就忘了崽，喜怒哀乐不能自控，跌打损伤全都随缘，真是"母爱如山，山体滑坡，滑成泥石流，流向黄土高坡"。大熊猫宝宝真是妈妈的好大玩具，不是——好大儿呀！

8 二维码

在每一篇的结尾都有一个"二维码"，眼见为实，欢迎大家扫码观看。（需下载抖音 app，长按屏幕上的图标并选择"扫一扫"）

学习倒立撒尿，长大了才能找到老婆！

扫一扫
看大熊猫

你觉得这位居民的故事有趣吗？快点儿分享给身边的人吧！

⑤

EURASIAN ANIMAL

亚欧大陆居民

友情提示：

1. 请勿私自投喂；

2. 请带好身边的爸爸妈妈；

3. 请不要把他们带回家（可以扫码加关注）；

4. 请勿偷吃他们的食物（避免消化不良）！

大熊猫的儿

亚欧大陆居民卡
Eurasian Animal ID Card

大熊猫
Giant panda

民族：**食肉目－熊科－大熊猫属**
家庭住址：**中国四川、陕西、甘肃等地**
最爱吃的食物：**竹子**
睡觉的地点：**树上、山洞等**
个人爱好：**爬树**
座右铭：**心宽体胖，佛系家长。**

EURASIAN ANIMAL ID CARD EURASIAN ANIMAL ID CARD
NO.01

800万年

伪拇指

熊猫已经有至少800万年的历史了。人们首先通过研究化石了解了熊猫，然后才在中国发现了活的大熊猫，因此大熊猫也被称为"活化石"。

他每天要吃约20千克竹子，为此演化出了一根"伪拇指"，这样可以更好地抓握竹子。

基因研究证实，大熊猫的鲜味味觉基因失去功能，因此他们尝不出肉味，从此不再羡慕吃肉的生活，做起了"和尚"。

TRIVIA 关于他的冷知识

100 g

　　大熊猫宝宝出生时体重平均只有 100 克，个头只有母熊的千分之一。为了防止被妈妈一屁股坐死，宝宝需要大声哭喊，发出尖锐的叫声，提醒当妈的小心。大熊猫妈妈如果生了双胞胎，只会抚养其中一个，丢掉另外一个。这时，就需要用食物吸引她的注意力，偷走其中一个宝宝，下一次再换另外一个，这样"熊不知鬼不觉"地就把两个孩子都喂大了。所以，你要问国宝是怎么来的，那真是"买一送一"，用苹果和牛奶换来的。

约一个月后，大熊猫宝宝就从 100 克长到 2 千克，从"彩色照片"变成了"黑白照片"。他属于早产儿，身体发育不完全，得靠着"手动挡"来进行排尿，一排就是老半天，真是一把屎一把尿"抖"到大的。等到能自主排尿时，大熊猫宝宝开始尿床，尿湿了身体，容易感冒发烧打喷嚏，打湿了还得当妈的来处理，于是熊猫宝宝又得练习倒立撒尿。毕竟，尿得高又高，方为大熊猫；尿得不高，女朋友都有可能找不到！

大熊猫妈妈生娃全看心情，就算怀了孕，她也可以自动停止妊娠，说不生，就不生。她自己都还是个宝宝，带娃也很随意，有口吃的就忘了崽，喜怒哀乐不能自控，跌打损伤全都随缘，真是"母爱如山，山体滑坡，滑成泥石流，流向黄土高坡"。大熊猫宝宝真是妈妈的好大玩具，不是——好大儿呀！

学习倒立撒尿，
长大了才能找
到老婆！

扫一扫
看大熊猫

5

雪山飞豹

亚欧大陆居民卡
Eurasian Animal ID Card

雪豹
Snow Leopard

民族：**食肉目 - 猫科 - 豹属**
家庭住址：**中国西部、蒙古国和中亚东部的山地等**
最爱吃的食物：**岩羊、北山羊等**
睡觉的地点：**岩石、山洞、灌木丛**
个人爱好：**咬尾巴、发呆、巡视领地**
座右铭：**飞流直下三千尺，咬住青山不放松。**

EURASIAN ANIMAL ID CARD NO.02

关于他的冷知识

征婚小广告

他是独居动物，在发情季节，会通过在岩石上撒尿来张贴"征婚小广告"。

西宁动物园

他的尾巴和身体几乎一样长，睡觉时可以当作抱枕，防止鼻子被冻伤。

他非常难养，国内目前只有在西宁野生动物园才能看到雪豹。

管你再高的山、再陡的坡，冲就完了！

雪豹号称山中的幽灵战机，是国家一级保护动物的同时，也是一个优秀的跳崖运动员。他生活在 2500 ~ 5500 米的高山上，主食是岩羊、北山羊、捻角山羊等一般野兽吃不到的山货。雪豹最喜欢和猎物玩勇敢者的游戏，追逐起来比大导演拍的大片还要惊心动魄，一不小心就要双双坠入悬崖，长长的尾巴提供平衡，厚厚的脚垫提供缓冲，那真是飞流直下三千尺，咬住青山不放松。一般猫有九条命，而他估计得有九九八十一条。要是动物界举办冬奥会，他绝对是高山滑雪比赛组的冠军。

他的猎物一半是被咬死的，一半则是被摔死的。他吃一顿可以顶一周。他神出鬼没，有时候还会攻击体形巨大的藏野驴和牦牛，但是这种捕猎方式非常危险，因为生活在青藏高原的动物，多少都有一点儿暴脾气。他有时候还会攻击牧民的牲畜，但是这一般发生在雪豹年老体衰或者母雪豹产崽需要养活一家子的特殊时期。在藏区文化中，有一种雪豹的名字叫作萨万德，他蹲在地上的时候就像长着一张人的脸，仿佛可以勾走人的魂灵。但是即使你一辈子生活在青藏高原，也很难有机会见一次雪豹。他特殊的皮毛极具伪装性，视力5.3的人也很难把他找出来，所以很多研究雪豹的学者穷其一生都无法一睹雪豹的尊容。如果你登山时看到了雪豹的脚印，那么恭喜你，这是老天爷赏给你的运气。

全世界的雪豹栖息地有60%都分布在中国，在喜马拉雅山、天山、祁连山、阴山等地都有他们的足迹。他克服了低温、低氧、高海拔的严酷环境，是世界上海拔分布最高的猛兽。你很难在动物园里看到雪豹，因为他在低海拔地区很难被养活。他生于雪山之巅，行于雪山之间，与星空同在，拥冰雪而眠，这就是雪豹——真正的雪山之王，人类无法轻易征服的高山幽灵。

来我家做客，记得多带点儿氧气瓶！

扫一扫
看雪豹

兔狲为什么爱生气?

亚欧大陆居民卡
Eurasian Animal ID Card

兔狲
Pallas's cat

民族：**食肉目－猫科－兔狲属**
家庭住址：**亚洲中部荒漠、西伯利亚地区**
最爱吃的食物：**鼠类、野兔等**
睡觉的地点：**洞穴或岩石缝**
个人爱好：**潜伏捕猎**
座右铭：**"猫"不可貌相。**

EURASIAN ANIMAL ID CARD
NO.03

他的名字来源于突厥语"站住"的音译，据说如果冲着他喊"站住"，他就会站住回头看你。

他经常和藏狐抢夺食物，和藏狐并称高原地区的两大表情包。

又抢我房子！

他很少自己筑巢，而是将旱獭等其他小动物的洞穴据为己有。

王之蔑视

你在教我做事？？

TRIVIA **关于他的冷知识**

11

下雪天这么
冷，真的好
生气哦！

　　兔狲不是狲，他绝对是个爷，天生就长着一张谁都不服的脸，走起路来霸气十足，凶起来连胡子都在颤抖。虽然他的体形和家猫一样大，但是蓬松的毛发让他看起来就像个耋毛的战斗机。因为衣服穿厚了点儿，每天被人叫猫中鳌拜、动物界的愤怒小胖，他的心情能美丽吗？

兔狲苦大仇深的表情，让人感觉他一辈子都在生气。出门生气，吃饭生气，下雪了生气，单身时生气，结了婚还生气，孩子不听话更是气得咬牙切齿。他生下来就长得苦大仇深，"一卡一卡"的动作都是为了伏击时不被猎物发现。他厚厚的皮毛可以抵挡零下40摄氏度的低温。打架时他就靠着轻蔑的眼神来挑衅对方。想逗他开心是万万不可能的，他做梦都在生气，一觉醒来还有起床气，没有人的时候，对空气也会生气。总之，别人不气我就气，气出病来我乐意，我兔狲要是不生气，难道是Hello Kitty？

有时候他气得脸上肌肉都要扭曲，气到神经错乱、表情混乱、又哭又闹、眉毛乱跳。他唯一不会的表情就是笑，虽然也曾经努力笑过，但是结果比哭还难看。总而言之，让这位爷卖个萌，简直比登天还难啊！

来，看狲爷给你笑一个！

扫一扫
看兔狲

怪鸟的脖子有多怪?

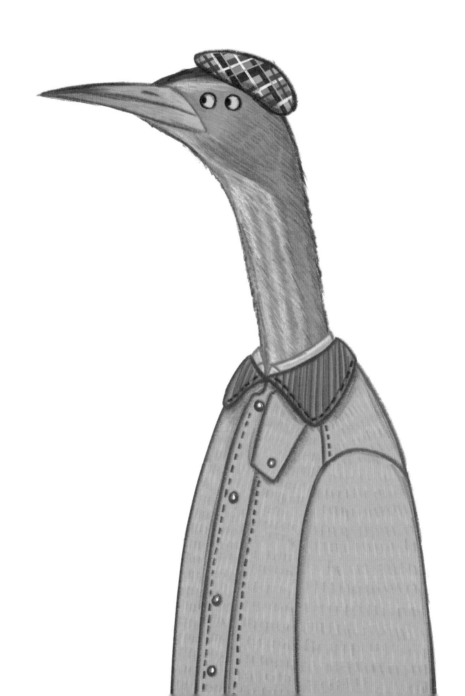

亚欧大陆居民卡
Eurasian Animal ID Card

小苇鸦
Little bittern

民族：鹳形目 - 鹭科 - 苇鸦属
家庭住址：亚欧大陆、非洲
最爱吃的食物：小鱼、蛙、蝌蚪等
睡觉的地点：巢里
个人爱好：站军姿
座右铭：只要站成一条直线，就没人可以把我发现。

EURASIAN ANIMAL ID CARD
NO.04

TRIVIA 关于他的冷知识

他喜欢在黄昏和晚上活动，白天藏在芦苇丛等水边植物中，很难被人发现。

遇到危险，他会站成一张"纸片"，所以外号叫作"纸片鸟"。

他是国家二级保护动物，假如遇见受伤的小苇鸦，可联系当地民警进行救助。

站得像根芦苇，90度仰望天空！

　　世界上有一种怪鸟，他一看到人，就马上立正，眼高于头，脖子朝天，站得比军训的大一新生还认真，造型就像一只活着的惨叫鸡。他的名字叫作小苇鳽：苇是芦苇的苇，鳽是很多人都不认识的这个鳽（jiān）。

顾名思义,小苇鳽平时生活在芦苇丛里面,他的羽毛长得也像芦苇,因此他伸长脖子就可以和背景融为一体。起风时,他还会随风摇摆,扭动身体,特别入戏,以为自己站成直线,就不会被敌人发现。他属于涉禽,特点是腿长嘴长脖子长,缩起脖子的时候像"武大郎";在抓鱼的时候,他会看准目标突然"发射",脖子可以弹出去老长。其实他的脖子是S形的,不用时就折叠起来,藏在羽毛下面,可谓伸缩自如,非常给力。

遇到危险时,他还会一秒炸毛,脖子变粗,让自己看起来气势汹汹,体形比平时大很多,这样可以吓跑捕食者。俗话说得好,脑袋尖脖子粗,不是恐龙就是伙夫。这样的脖子可长可短,能粗能细,平时低调,战时神气,看着傻里傻气,其实超给力。

平时缩着脖子,不代表我脖子短。

扫一扫
看小苇鳽

17

小可爱会迷魂术?

亚欧大陆居民卡
Eurasian Animal ID Card

白鼬
Stoat

民族：食肉目-鼬科-鼬属
家庭住址：亚欧大陆、北美洲
最爱吃的食物：鸟类和小型哺乳动物等
睡觉的地点：洞中巢穴
个人爱好：跳战舞
座右铭：你看我很可爱，我看你很可口。

EURASIAN ANIMAL ID CARD
NO.05

关于他的冷知识

他可以捕食体型比自己大10倍左右的野兔，还会把猎物储存在地洞里。

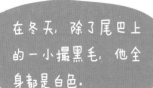

在冬天，除了尾巴上的一小撮黑毛，他全身都是白色。

觅食时，他会碎步疾走；遇到猎物时，他会紧贴地面，匍匐前进。

白鼬跳得激情四溢，兔子看得眼底迷离。

这个细细长长的小家伙叫作白鼬，有首儿歌改编得好："小可爱，白鼬白，两个耳朵竖起来。"也许你会问：夏天时候的白鼬看起来和黄鼠狼一样，也不白呀？这是因为白鼬还没有换上冬装。等他换上冬装，再配上一点儿"雪花啤酒"，马上就有冰雪小精灵的感觉了。但是请注意，他并非全身都是白色的，尾巴的尖端还是黑色的。当他在雪地里走过时，尾巴会留下一道雪痕，因此他还有一个诗意的别名——扫雪鼬。

不过，千万不要被他可爱的外表、娇小的体形所迷惑，白鼬可是非常强悍的捕食者。他不仅可以骑着啄木鸟到处飞，而且喜欢猎杀膘肥体壮的兔子，撵着大兔子四处撒欢。很不可思议的是，他吸引兔子的秘密武器竟然是——迷魂大法。

为了吸引兔子的注意力，白鼬会故意表演一种奇怪的舞蹈：满地打滚、空中旋转、四处撒欢，好像中邪了一样，难怪有人叫他"白毛黄大仙"。这样的疯疯癫癫会引起兔子的好奇心。古有黄鼠狼给鸡拜大年，今有白鼬给兔子跳怪舞。跳着跳着，白鼬离兔子越来越近，舞蹈也越来越疯狂，兔子逐渐开始犯迷糊：那个小白兔白又白，到底是"白鼬白"，还是"白又白"？还没等兔子弄明白，白鼬就会突然扑上去，咬住兔子的脖子——管你兔子白不白，您先和这个世界拜拜吧！

起飞！

骑鸟勇士，出发吧！

扫一扫
看白鼬

21

乌鸦好"贱"

亚欧大陆居民卡
Eurasian Animal ID Card

大嘴乌鸦
Large-billed crow

民族：雀形目－鸦科－鸦属
家庭住址：亚洲东部和南部
最爱吃的食物：昆虫、果实、种子等
睡觉的地点：树上
个人爱好：恶作剧
座右铭：没别的，就是玩儿！

NO.06
EURASIAN ANIMAL ID CARD

TRIVIA
关于他的冷知识

他的大脑大概占了身体总重量的2.3%，和黑猩猩的脑体比重相似，是最聪明的鸟类之一。

小嘴乌鸦　　大嘴乌鸦

与小嘴乌鸦相比，大嘴乌鸦的喙非常粗壮、额较陡突，被戏称为"锛头"。

在中国古典诗词中，他常与衰败荒凉的事物联系在一起，如"枯藤老树昏鸦"。

23

不好意思，借您的"九牛一毛"一用!

　　大嘴乌鸦有一个贱贱的习惯，那就是薅别的动物的尾巴：无论你是百兽之王狮子，还是集万千宠爱于一身的国宝熊猫，不管你是威风凛凛的大洋马，还是来自天涯海角的北极熊，他都会暗地里给你来个"秃然"袭击。地上跑的也就罢了，就连拥有尖牙利爪的老鹰，也逃不过他这张"贱嘴"。他一旦薅完就赶紧跑，让你打不到也抓不着。真是"不入虎穴，焉得虎子；不入鹰巢，焉拔鹰毛"。

在薅毛之余，大嘴乌鸦还喜欢搭便车，无论是站在出租车前"打的"，还是冲进地铁站坐地铁，他从来不刷卡；他热衷于免费"坐飞机"，嚣张地坐在老鹰头上，鹰高一尺，鸦高一丈，随时随地随心飞；有时候他还要在猛禽头上撒尿拉屎，真是"贱上天际"。老鹰看着来气，却又无能为力。

大嘴乌鸦还特别精明，他会在红灯亮的时候，把核桃丢在马路上，等到绿灯亮的时候，再去捡被汽车轧碎的核桃仁；他会拉掉你的鞋带，在你低下头系鞋带的时候，偷走你的外卖；他还喜欢拉帮结派，拥有150多种沟通暗号，那真是"一支穿云箭，千军万马来相会"。铺天盖地，集体欺负别的鸟类。

大嘴乌鸦从来都是有仇必报，就算当时不报，背地里也会给你个"空中放炮"，比如把便便拉在你刚刚洗完的车上，洒在你刚刚点的食物上，让你享受"天使"一般的待遇。明枪易躲，暗"贱"难防，看着黑漆漆，一脸贱兮兮。

聪明如我，利用汽车压核桃，哈哈!

扫一扫
看大嘴乌鸦

神奇的大鼻子

亚欧大陆居民卡
Eurasian Animal ID Card

民族：偶蹄目 - 牛科 - 高鼻羚属
家庭住址：中亚草原
最爱吃的食物：草类及低矮的灌木
睡觉的地点：草原
个人爱好：跑步
座右铭：鼻子越大越强悍！

高鼻羚羊
Saiga

EURASIAN ANIMAL ID CARD
NO.07

关于他的冷知识 TRIVIA

STAR WARS

他的皮毛会在冬季变成白色，毛发会变厚，帮助抵御内陆地区的寒冬。

因为奇怪的大鼻子，他长得如同《星球大战》里的外星球生物。

他宽阔的鼻腔中，有一种带着黏膜的特殊的囊，可以帮助清洁空气、调节气温。

27

掐"鼻"一算，嗯，那边的草应该长出来了！

这个长得浓眉大眼、骨骼清奇的家伙叫作高鼻羚羊，由于鼻子长得气势磅礴、天下无双，人送外号"大鼻子"。高鼻羚羊是"上古神兽"，曾经和猛犸象一起生活在冰河时期。传说他因为鼻子大、长得丑，怕被别人笑话，最后躲进了荒凉的中亚大草原。在现实生活中，高鼻羚羊的性格非常害羞，发现任何风吹草动便撒腿就跑，速度飞快，算得上草原上的"飞毛腿"。

高鼻羚羊最醒目的特点就是大鼻子。如果你愿意钻进他的鼻孔一探究竟，那么你会发现这个大鼻子里面布满了鼻毛和黏液，还有一个过滤槽。他的大鼻子可以让干冷的空气变得湿润，这样即使气温低到零下40多摄氏度，他也可以呼吸到温暖的空气。另外，草原和戈壁没有树木遮挡，夏日炎炎，那里的温度可以飙升到50多摄氏度，这时大鼻子可以给空气降温，防止大脑过热。真是"好空调，鼻子造，降温保暖又抗燥"。

在中亚草原上，牧民兄弟们流传着一句话："跟着羚羊跑，牛羊能吃饱。"这是因为高鼻羚羊的嗅觉灵敏，可以闻到百公里之外新草长出来的味道。他们逐水草而居，每年迁徙上千千米，一路浩浩荡荡，灰尘漫天，大鼻子又变成了空气净化器，防止灰尘吸进肺里。谈恋爱的时候，雄性高鼻羚羊还会甩动大鼻子，用鼻涕去喷，不对，用羚角去顶对方。在雌性眼中，鼻子越大越有魅力，这样自己生的宝贝才能继承优秀的基因。孩子即使丑一点儿也没关系，关键是自带大空调，就能获得生存的秘密武器。

希望自己不要步这位邻居的后尘啊！

早上好！

扫一扫
看高鼻羚羊

怪兽科莫多

亚欧大陆居民卡
Eurasian Animal ID Card

科莫多巨蜥
Komodo dragon

民族：有鳞目 - 巨蜥科 - 巨蜥属
家庭住址：印度尼西亚
最爱吃的食物：鹿、羊、野猪等
睡觉的地点：洞穴
个人爱好：相扑、摔跤
座右铭：我是地球怪兽！

EURASIAN ANIMAL ID CARD NO.08

嘶～

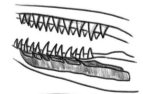

3m

TRIVIA 关于他的冷知识

他的声带很不发达，基本上可以说是"哑巴"，即使在被激怒时，也仅能发出"嗞嗞"的声音。

他又名"科莫多龙"，是已知现存种类中最大的蜥蜴，数量稀少，目前濒临灭绝。

最新研究表明，他的下颌腺体能分泌一种抗凝剂，可以让猎物的伤口无法自愈，最后因失血过多而死。

掘地三尺，我也要把骨头挖出来！

　　科莫多巨蜥是世界上最大的蜥蜴，他的祖先在约 1500 万年前从澳洲大陆漂洋过海来到了印度尼西亚的孤岛。那里一片荒芜，对象都不好找，雌蜥蜴们找不到雄性，就只好自己给自己授精。有道是"一生二，二生三，三生万物"，她通过孤雌生殖让子子孙孙无穷无尽，目前全岛都爬满了这种脑袋憨憨、长得像恐龙一样的巨蜥。

　　在科莫多岛，巨蜥就是恶龙一样的存在。他的挖土能力很强，爪子就像金刚狼，经常把当地人的祖坟挖个精光。他们打破了"虎毒不食子"的传统，大哥吃小弟，小弟吃虾米。所以科莫多巨蜥幼崽一岁前都得待在树上，防止被爸妈"回炉重造"。对于其他动物来说，科莫多巨蜥更是梦幻般的存在。他看到猎物就会发动突然袭击，短跑时速可达 20 千米。他的牙齿呈锯齿形，下颌能够分泌毒液，这些毒液具有抗凝性，可以防止伤口处血小板凝结，让猎物失血过多，从而轻松捕猎。他自己的身体却具有毒液的抗体，所以用毒蜥蜴的毒去毒蜥蜴，毒蜥蜴不会被自己毒死。

　　科莫多巨蜥的舌头分叉，嗅觉灵敏，一次捕猎可以引来一大群巨蜥。他们脾气暴躁，一言不合就动手，堪比印度尼西亚动物圈的第一号摔跤手，不把对方按趴下绝对不松手。他们打架全靠蛮力，有时候还会吐对方一脸的口水，很恶心。不过，由于热量不足，他们打着打着也会突然停下来一动不动，所以有时候你会看到两只科莫多巨蜥抱在一起，但这不是一对好朋友，而是摔跤手在中场休息。

想摔跤吗?
来呀! 谁怕谁!

扫一扫
看科莫多巨蜥

冷艳杀手兰花螳螂

亚欧大陆居民卡
Eurasian Animal ID Card

兰花螳螂
Orchid mantis

民族：螳螂目 - 花螳科 - 花螳属
家庭住址：东南亚热带雨林
最爱吃的食物：小型节肢动物、爬虫类或鸟类
睡觉的地点：花丛或树叶
个人爱好：伪装
座右铭：爱你，就是把你塞进胃里。

EURASIAN ANIMAL ID CARD
NO.09

他发动攻击时非常迅猛，可以在0.01秒内完成猎杀，不仅会攻击昆虫，而且会攻击老鼠和蝙蝠。

他能在很多种类的兰花上生长，且能随着花色的深浅调整自身的颜色。

他是螳螂目中最漂亮的物种，四条腿像花瓣，配合纤细的身体，好似一朵淡雅的兰花。

TRIVIA **关于他的冷知识**

身似兰花美
丽，背后却暗
藏杀机.

　　她无情无义，会把自己的老公一口一口撕碎了吞下肚
子；她擅长伪装，远看像花朵，近看像朵花；她时而娇羞，
时而冷艳，时而隐匿花丛，时而图穷匕见。这就是兰花螳
螂，世界上最漂亮、最会伪装的昆虫杀手。

　　兰花螳螂生活在东南亚的热带雨林里，雌性的体型比
雄性要大2倍以上，这种婚姻组合，结局注定是悲惨的。
很多时候，丈夫取悦妻子后，饥饿的母螳螂会突然转身，用20米（对不起，是2厘米）的大砍刀砍晕老公，把他吃掉，连脚指甲盖都不剩。"爱你，就是把你塞进胃里，变成自己。"

除此之外，兰花螳螂还会伪装术：她避开了普通螳螂单调的灰色和绿色，选用醒目的花瓣色；她的后腿扁平像花冠，肚子翘起像花瓣，脑袋尖尖像花蕊，乍一看分明是一朵花；她会根据不同的花朵品种变换颜色，从白色、绯红色再到紫色；她还会蹦迪，左右摇摆，模仿花朵在风中摇曳，让路过的昆虫都心猿意马，一只只丧命在她的20米（对不起，2厘米）大砍刀下。

据统计，在野外有17%的雄性兰花螳螂会丧命于雌性的"兰花裙"下。公螳螂要想活命，亲密后就得赶紧跑，否则容易小命不保。这就是兰花螳螂的爱情；上一秒海枯石烂，下一秒碎尸万段；外面看着美丽，里面充满杀气。

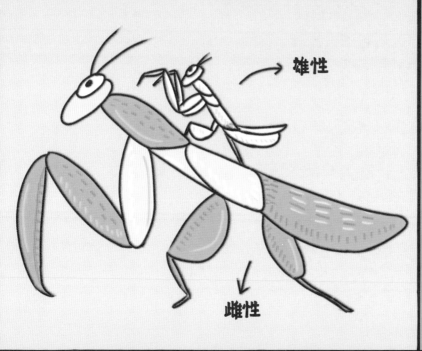

雄性

雌性

雌性兰花螳螂背着自己的"小老公"。

扫一扫
看兰花螳螂

懒猴的"毒腋"

亚欧大陆居民卡
Eurasian Animal ID Card

懒猴
Slow loris

民族：**灵长目 - 懒猴科 - 懒猴属**
家庭住址：**东南亚热带雨林及亚热带雨林**
最爱吃的食物：**植物的果实、昆虫、小鸟及鸟蛋等**
睡觉的地点：**树枝上或树洞中**
个人爱好：**倒立行走**
座右铭：**离我远点儿，我有毒。**

EURASIAN ANIMAL ID CARD NO.10

关于他的冷知识

舌头

下舌

他有两条"舌头"，长舌的下面还藏着一根"伪舌"，用来剔牙或者吃花蜜。

他几乎完全在树上生活，极少下地，且行动特别缓慢，所以得名"懒猴"。

他是唯一一种有毒的灵长类动物，当他感受到威胁时，腋下就会分泌一种毒液——一种棕色的带有刺激性气味的油状物。

来！尝尝我的"腋"来香!

懒猴的腋下能够分泌一种具有强烈刺激性气味的毒液，当他察觉到危险时，就会张开双臂，肆意播撒他的"狐臭"。捕食者一旦闻到这种臭味，轻则鼻翼痉挛，掉头就跑；重则呕吐不止，终身难忘。如果对方还不放弃，继续进攻，那么懒猴就会用舌头舔舐腋下。因为他的口水有毒，腋下也有毒，毒上加毒，效果加倍。谁要是敢一口咬下去，身体就会不舒服甚至休克，让你知道什么叫作真正的"毒腋"。

懒猴体内的毒素主要来源于他的食物：各种热带雨林里的昆虫、蠕虫等。他一般在夜间捕食，用像探照灯一样的大眼睛观察环境。他的手指可以像钳子一样抓握在树枝上，独门绝技是倒走钢丝，头朝下行动。由于他的移动速度非常缓慢，而且悄无声息，所以可以以静制动，各种好吃的顺手拈来。总之，要想毒素效果好，乱七八糟的夜宵少不了。

刚刚出生的懒猴宝宝还无法分泌毒液，于是妈妈会先舔舔自己的腋下，再涂满孩子的全身。这样可以防止蚊虫叮咬，比蚊香还要管用，这也是妈妈保护孩子不被别人欺负的手段。此外，他们还会发出如毒蛇一般的咝咝声，用来吓跑捕食者。看起来萌萌的懒猴，就是靠着这些"毒门绝技"才能安全地生存下去。

月黑风高之夜，小可爱要出来觅食咯！

扫一扫
看懒猴

树鼩也是干饭人?

亚欧大陆居民卡
Eurasian Animal ID Card

树鼩
Tree shrew

民族：**树鼩目 - 树鼩科 - 树鼩属**
家庭住址：**东南亚、印度热带季雨林**
最爱吃的食物：**昆虫、花蜜、水果**
睡觉的地点：**树上或洞穴里**
个人爱好：**吃辣、喝酒**
座右铭：**千杯不醉，无辣不欢!**

EURASIAN ANIMAL ID CARD
NO.11

93.4%

关于他的冷知识 TRIVIA

他的基因亲缘关系和灵长类最为接近，二者约有93.4%的共同基因。

1:10   1:50

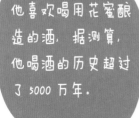

他喜欢喝用花蜜酿造的酒，据测算，他喝酒的历史超过了5000万年。

他的大脑与身体的质量比超过了其他所有的哺乳动物，比人类都要高。

瞅我这高级马桶，纯天然锻造！

　　树鼩（qú）是生活在树林里的精致干饭人，他甚至拥有自己的马桶——猪笼草！猪笼草长得像个马桶，功能也的确像个马桶。猪笼草的"马桶盖"能分泌甜甜的蜜汁，里面含有泻药成分，可以吸引树鼩蹲在上面，就好像一边舔食"奥利奥"，一边排空肠道。当然，有时候蹲久了，腿一麻脚一滑，树鼩就掉进了粪坑，以身"殉"便便。这真是聪明反被聪明误，工具的命运很残酷。

除了马桶，树鼩还拥有自己的"酒吧"。他每天都要舔舐玻淡棕榈分泌出的花蜜，这些花蜜的酒精浓度高达 3.8%，是大自然浓度最高的天然香槟。别的动物喝上一两口就晕乎乎的，但他喝完酒可以跑 100 米的步，爬 10 米高的树。他在丛林之中来回穿梭，找酒吧吃夜宵，同时把棕榈树的花粉传递出去，这就叫互相帮助、互相成就，好比我当你的媒婆，你当我的美酒。

喝完酒，树鼩还喜欢吃辣椒，辣椒配小酒，越活越长久！各种奇辣无比的辣椒，人类都不敢轻易尝试，他却啃得津津有味。为了吃辣椒，他甚至改变了自己的基因，其辣椒素受体只有普通小鼠的十分之一。别人是不怕辣、辣不怕，他是直接基因突变，怕不辣。真是为了生存，什么吃的都不能落下。这样的干饭人，真是开了"外挂"。

说起吃辣椒，四川人、湖南人都比不上我！

扫一扫
看树鼩

金屋藏鸟

亚欧大陆居民卡
Eurasian Animal ID Card

双角犀鸟
Great hornbill

民族：犀鸟目 - 犀鸟科 - 角犀鸟属
家庭住址：亚洲南部海拔 1500 米以下的常绿阔叶林
最爱吃的食物：野果、种子和昆虫等
睡觉的地点：树洞
个人爱好：金屋藏娇
座右铭：快把老婆藏起来！

CARD EURASIAN ANIMAL ID
NO.12

TRIVIA
关于他的冷知识

他们终身一夫一妻，被傣族群众称为"钟情鸟"。

他头上长着漂亮的"盔甲"，前缘形成两个角状突起，如同犀牛鼻子上的大角，故而得名。

他的大嘴看起来很笨重，其实是中空的，里面充满了空隙。

鸟爸爸每天都得给封在树洞里的家人送食物.

　　这种长着长长的眼睫毛、长长的嘴巴的鸟叫作双角犀鸟，他的名字源于头上那一对像犀牛角一样、下雨天都不用打伞的左右分叉的神奇大角。雄性双角犀鸟绝对是值得依靠的暖鸟，他从不花心，一辈子只和一只雌鸟结合，而且他会给雌鸟找一棵大树，挖一个大洞，把老婆藏在树洞里，然后里应外合，用胃液作为黏合剂，把洞口封住，最后只留下一道细窄的小口，其大小仅供老婆伸出嘴来取"外卖"，或者伸出屁股来拉"臭臭"。

金屋藏鸟之后，雄鸟还要负责养家糊口，他四处找吃的并且带回家，然后"口吐连珠"，一口一口塞进洞口，喂给雌鸟，雌鸟再喂给宝宝。看到这种场景，让人不由得想起了一首老歌：我是被你囚禁的鸟，已经忘了天有多高，如果离开你给我的小小城堡，不知还有谁能依靠……为了养家，雄鸟不得不早出晚归，让老婆先吃饱。虽然很累，但是雄鸟依然很努力。别低头，皇冠会掉；别吵架，孩子会闹；埋头努力，生活才能继续。

光吃素，孩子发育不会好，所以除了果实，雄鸟还得找点儿其他的食物让孩子补充营养。他上天能抓蝙蝠，上树能挖虫子，一切都是为了养育自己的孩子。一直要等到 3 个月后，小的能飞了，老婆出门了，家门打开了，自己终于不用送"外卖"了，金屋藏娇的日子也就暂时告一段落了。

头戴大号盔角，下雨不用苦恼。

扫一扫
看双角犀鸟

大天鹅的爱情保鲜术

亚欧大陆居民卡
Eurasian Animal ID Card

大天鹅
Whooper swan

民族：**雁形目 - 鸭科 - 天鹅属**
家庭住址：**亚洲、欧洲**
最爱吃的食物：**水生植物的叶、茎、种子和根茎**
睡觉的地点：**水面或者陆地**
个人爱好：**跳双人舞**
座右铭：**愿得一心鹅，白首不相离。**

EURASIAN ANIMAL ID CARD
NO.13

8km

关于他的冷知识 TRIVIA

他是世界上飞得最高的鸟类之一，迁徙时飞翔高度可达到8000多米。

他们平时成双成对，大部分都会终身相伴。不过有时候也会因为感情不和等问题而"离婚"。

在中国古代，他也被称为"黄鹤"，"黄鹤一去不复返，白云千载空悠悠"这句诗里的"黄鹤"很可能说的是大天鹅。

谈恋爱，得先一起来"比心心"。

大天鹅不仅是一夫一妻制，而且大部分都是终身一夫一妻，有的甚至会在伴侣死后为其守节哀鸣。大天鹅夫妇是如何培养出深厚的夫妻感情的呢？

首先，夫妻双方共同分担家务。育雏期间，大天鹅夫妇会一起劳动，在湖边建造爱的小屋，在大天鹅妈妈生蛋的时候，爸爸会守在周围保护安全；孵蛋时也是双方轮流换岗，而不只是妈妈的任务；遛娃时也是一起合作，妈妈在前面带路，爸爸在后面"数鸭子"，确保每个宝宝都不掉队，宝宝们要是玩累了，还会像挤公交车一样，爬到妈妈的背上。所以，爱情保鲜术的第一条原则就是：男女搭配，干活不累，孩子生得多，天天乐呵呵。

其次，大天鹅的生活不仅仅有柴米油盐，还有诗和远方。他们每年都会进行两次长途迁徙，春北秋南，始终如一，每次需要飞行几千千米。一路上翻山越岭，穿越大洲大洋，需要面对各种陌生的环境和天敌，因此夫妻双方会互相帮助，共同应对各种意外的情况。所以，爱情保鲜术的第二条原则就是：勇敢面对新的挑战，保持新鲜感。

最后，仪式感很重要。大天鹅夫妇会经常在一起跳"双鹅舞"，他们的舞姿既优雅又复杂，雌鸟和雄鸟会相互配合，并引颈高歌。其实，我们人类司空见惯的"爱心"符号，就来自大天鹅舞蹈时双方脖子比画出来的"桃心"形状。这种相互配合的舞蹈，提升了夫妻双方的默契。所以，爱情保鲜术的第三条原则就是：适当的仪式感，能让爱情历久弥新。

男女搭配，
盖房不累！

扫一扫
看大天鹅

小公主也这么节俭?

亚欧大陆居民卡
Eurasian Animal ID Card

西伯利亚小飞鼠
Siberian flying squirrel

民族：啮齿目－松鼠科－飞鼠属
家庭住址：西伯利亚、日本、中国东北的森林等
最爱吃的食物：树叶、嫩芽等
睡觉的地点：废弃的树洞
个人爱好：翼装飞行
座右铭：二手房省钱又环保，没必要买新房。

EURASIAN ANIMAL ID CARD
NO.14

TRIVIA
关于他的冷知识

在我国东北的大兴安岭、长白山等地的密林里就分布着这种可爱的小飞鼠。

他也叫大眼鼯鼠，主要在夜里行动，白天非常罕见。

他不能飞，但是四肢之间有隔膜，张开之后可以用来滑翔，可以滑翔50多米。

西伯利亚小飞鼠拥有精致的眼线、美丽的皮毛,宛如森林里可爱的小公主。这些小可爱还勤俭节约,堪称地球上最节俭的小公主。

首先,小飞鼠喜欢绿色出行。别的松鼠要想换棵树都得先跑到地下,然后再爬树,一下一上,累得够呛。而他们只需要张开四肢,就像翼装飞行一样,轻松滑翔几十米。低碳出行,不仅格调很高,而且仙气飘飘。

其次，他们提倡节约粮食。他们不去地上收集坚果，爱吃树叶和嫩芽，不仅绿色健康，而且现采现吃，绝不囤货。有些松鼠吃东西，要鼓着大腮帮子狼吞虎咽，比一些吃播播主还要铺张。而他们细嚼慢咽，吃完还要剔个牙，一点儿都不浪费。

最后，住宿方面他们更加不讲究。他们喜欢住在那些被啄木鸟废弃的树洞里，而且一住就是好几年，根本不在乎是新房还是二手房。他们还喜欢合租，天气冷了，就挤在一起睡觉，不仅热闹，而且能集体"自采暖"，节省能源，非常环保。虽然是合租，但他们很爱干净，只在一个地方拉便便。这些便便被叫作五灵脂，是一种有名的中药。连便便都不浪费，这样的小公主，真是招人喜欢，又让人敬佩！

小仙女吃东西，气质就是不一样！

扫一扫
看西伯利亚小飞鼠

57

小熊猫如何卖萌?

亚欧大陆居民卡
Eurasian Animal ID Card

小熊猫
Red panda

民族：**食肉目－小熊猫科－小熊猫属**
家庭住址：**亚洲喜马拉雅山脉中**
最爱吃的食物：**竹叶、浆果、花朵、鸟蛋等**
睡觉的地点：**洞里或阴凉处**
个人爱好：**吐舌头**
座右铭：**我不是小浣熊。**

EURASIAN ANIMAL ID CARD
NO.15

关于他的冷知识 TRIVIA

他和大熊猫一样，最喜欢吃竹子，每天要花10多个小时采食竹叶。

在争夺领地时，他会握紧拳头，秀出自己的肱二头肌，显示自己的力量！

他的尾巴超过体长一半，上面往往还有9个环纹，所以又被称为"九节狼"。

生活一大乐事，趴在树上吐舌头！

　　小熊猫是世界上最会卖萌的动物之一，喜欢把自己像袜子一样挂在树枝上，一边"葛优躺"，一边吐舌头。他的舌头有神奇的特殊功能：舌下布满了乳突，可以"尝出"空气中天敌的味道。他不叫小浣熊，跟干脆面没关系。他是大中华的萌兽、动物园里的大明星——小熊猫。

别看他长得像个毛球，其实也是个肌肉猛男，雄性在繁殖季节会秀肌肉，亮出自己发达的肱二头肌来取悦雌性。他的尾巴很大。他在地上可以滚成球、翻跟头，在树上可以走钢丝，就是经常一脚踩空，挂在半空。他的弹跳力也不错，可惜个头有点儿小。不过，他真正擅长的还是打架。在发起挑战后，他会突然站立起来，张开强壮的胳膊，亮出黑色的胸毛，来一场男人之间的真正的较量，目的就是把对方萌趴下，不对，是揍趴下。可惜他视力不太好，经常一拳打了个空气，一掌拍了个寂寞。这也太会卖萌了吧！

小熊猫的自尊心很强，打输了会哭鼻子，郁郁寡欢。他爱干净，吃完东西会全身上下做清洁，连脚丫子也洗得很认真。他还会在固定的地点上厕所，拉完臭臭还要再把屁股擦干净。毕竟，身上干净了，心里也清净了，卖萌也更带劲了。

决斗吧！

这是要武力决斗，还是在攀比卖萌？

扫一扫
看小熊猫

大杜鹃会冒名顶替?

亚欧大陆居民卡
Eurasian Animal ID Card

大杜鹃

Eurasian cuckoo

民族：**鹃形目 - 杜鹃科 - 杜鹃属**
家庭住址：**亚欧大陆、非洲（迁徙地）**
最爱吃的食物：**毛毛虫、舞毒蛾等**
睡觉的地点：**树上**
个人爱好：**鸠占鹊巢**
座右铭：**管生不管养**。

CARD EURASIAN ANIMAL ID CARD EURASIAN ANIMAL ID **NO.16**

他可以发出非常哀切的叫声，犹如妈妈盼子回归，所以古人给他起名叫"子规"。

布谷
布谷

他的叫声听起来就像"布谷、布谷"，所以又被叫作布谷鸟。

他的嘴巴和舌头红艳艳的，如同鲜血一样，所以古人称之为"杜鹃啼血"。

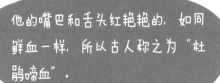

TRIVIA 关于他的冷知识

生个蛋再叼个蛋，这样你就发现不了……

动物圈里一个很有名的顶替者就是大杜鹃，她会把自己的蛋生在其他 120 多种鸟类的巢穴里，让别人替她孵蛋养娃，而且整个过程简直天衣无缝。她是如何偷梁换柱、鸠占鹊巢的呢？

一般的鸟类在繁殖期间非常警觉，动一下鸟窝鸟都会弃巢高飞。大杜鹃会模仿猛禽的叫声，暂时吓跑孵蛋的鸟。一般的鸟产卵需要 20 分钟，而大杜鹃只需要 10 多秒，并且下完就跑。她熟悉各种蛋壳的花纹、颜色和味道，所以生下来的蛋都堪称"高仿蛋"。最关键的是，她生一个自己的蛋还会叼走其他鸟下的一个蛋，其他鸟妈妈没学过数学，很容易被她糊弄过去！

大杜鹃的幼鸟孵出来后，眼睛还没睁开就开始把其他的蛋顶出鸟巢。大杜鹃的幼鸟会一直用背部顶个不停，直到巢穴里只剩下自己为止；而且幼鸟的背部有一个敏感点，即使你给他一个铁球、一个鹅蛋，他也会一直顶个不停。别的雏鸟背部是凸出来的，而他的背部是凹进去的，可以说大杜鹃生下来就擅长"顶风作案"。

可怜这些"养母"，每天风里来雨里去，一把屎一把尿养了个"假儿子"。孩子长得和自己一点儿都不像，难道她们就没有丝毫疑惑吗？答案可能就在于大杜鹃的一张嘴上——有的是"美艳荧光粉"，有的是"烈焰辣椒红"，这种唇色会刺激母鸟疯狂加班投食，不仅不怀疑，说不定还要夸自己的娃带得好，比别人家孩子高七八个头。

当然，因为大杜鹃的雏鸟无法消化甲虫的壳，而有些鸟会给雏鸟喂食大量的甲虫，寄生的杜鹃会因为消化不良而夭折。看来，自然界都是一物克一物，再完美的骗局也会有漏洞啊。

天山上的小可爱

亚欧大陆居民卡
Eurasian Animal ID Card

伊犁鼠兔
Ili pika

民族：**兔形目 - 鼠兔科 - 鼠兔属**
家庭住址：**中国新疆天山山麓**
最爱吃的食物：**天山雪莲、红景天、虎耳草等**
睡觉的地点：**隐蔽的洞穴或天然石隙中**
个人爱好：**炼仙丹**
座右铭：**一粥一饭，当思来处不易。**

EURASIAN ANIMAL ID CARD NO.17

他一度消失了20多年，近些年又奇迹般地出现在科学家的视线里。

＜1000只

他属于极度濒危动物，比大熊猫还珍贵，目前数量不足1000只。

他既像老鼠又像兔子，和兔子一样，他有2对上门齿，归属于兔形目。

TRIVIA **关于他的冷知识**

天山的雪莲静悄悄地开，天山上的鼠兔长得好乖！

　　新疆不仅有棉花，而且有一群可爱的他们。他就是生活在天山3000多米高处的伊犁鼠兔，他的家就在悬崖峭壁之间，远离凡尘，没有人烟，宛如一朵不胜娇羞的雪莲。他拥有圆滚滚的小屁屁，尾巴特短，表情憨憨，像泰迪在天山流浪，又像兔子挂在岩石上。他们的数量不到1000只，比国宝大熊猫还要稀少，动物园里也根本看不着，只能在天山山顶找到。

　　当然，这样一只肥嘟嘟的小可爱，也是兔狲、雪豹、白鼬们的最爱。为了不被天敌发现，他的皮毛进化成和岩石一样的色系。为了模拟岩石上的红色地衣，他的头颈处还有三道红褐色的痕迹，披着一身"吉利服"，想发现他可不容易。他平时独来独往，默默无闻，在绝壁之上谋发展，在夹缝里面求生存。

天山是个好地方，这里分布着雪绒花、红景天，外加圣洁的天山雪莲。只要仔细寻找，食物就少不了。他吃的都是上等草药，难怪模样如此俊俏。伊犁鼠兔在冬天并不冬眠，在入冬前，他会将草药堆成小堆，晒干了藏在岩缝和岩洞中。家里有余粮，冬天不慌忙。

他还很不讲卫生，便便直接堆在家门口，但其实这也是他的恋爱之道。因为数量太少，他又不爱叫，所以只能靠着便便来吸引妹子，传递性感的味道。和兔子一样，伊犁鼠兔还有自己熬制草药的习惯，他吞下的雪莲经盲肠排出后，维生素含量是正常便便的 5 倍。这样的极品美味，伊犁鼠兔绝对不会浪费。长得宛如一个童话，却吃着便便长大，这样神仙的技能，谁能学得会？

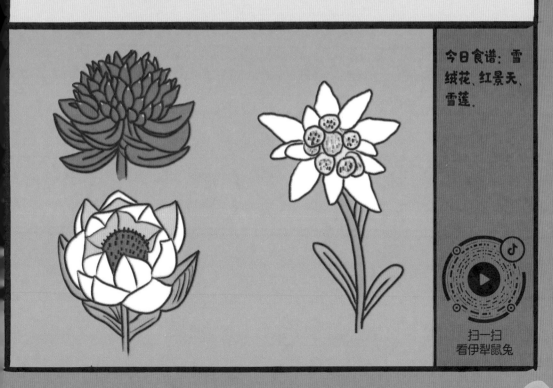

今日食谱：雪绒花、红景天、雪莲。

扫一扫
看伊犁鼠兔

"乱"点鸳鸯谱

亚欧大陆居民卡
Eurasian Animal ID Card

民族： 雁形目 - 鸭科 - 鸳鸯属
家庭住址： 亚洲东部
最爱吃的食物： 青草、昆虫等
睡觉的地点： 树洞或岩石上
个人爱好： 谈恋爱
座右铭： 鸳鸯双栖蝶双飞。

鸳鸯
Mandarin duck

EURASIAN ANIMAL ID CARD
NO.18

TRIVIA
关于他的冷知识

鸳 鸯

人呢？

因为经常成双成对，他们被古人看作爱情的象征。实际上，一旦雌鸳鸯开始产卵，雄鸳鸯就会神秘"失踪"。

鸳指雄鸟，鸯指雌鸟，属于鸭科动物。在我国也称为"中国官鸭"。

雄性的背部长着直立的帆状羽毛，非常艳丽，可谓独树一帜。

　　在我国传统文化里，鸳鸯是爱情忠贞的象征，然而现实情况真是如此吗？

　　首先，鸳和鸯其实是不同的，只有雄性的"鸳"才拥有色彩艳丽的羽毛，雌性的"鸯"长得就像普通鸭子。所以，以前家家户户被子上那对漂亮的鸳鸯，其实是一对兄弟。可谓"鸳鸯双栖蝶双飞，兄弟情谊惹人醉"。这不是动物的鸳鸯戏水，而是"鸳鸯相抱"。

当然，雄性鸳鸯艳丽的羽毛，主要都是为了吸引雌性的注意力。看这烈焰红唇，多亮！看这五花八门的屁股，多炫！公鸳鸯和母鸳鸯一旦好上了，在一起的时候就如痴如醉，非常投入，双方要的只是一份卿卿我我。他们一般 4 月下旬开始出现交配行为，一直持续到 5 月中旬。母鸳鸯完成交配之后，就会找一个高高的树洞，一次孵蛋 7 ~ 12 枚。小鸳鸯孵出来之后，会从 10 米高的树上跳下来，个个都是蹦极高手。

然而，在小鸳鸯们最需要父爱的时候，公鸳鸯却抛开他们一个人跑了。因为鸳鸯爸爸过于耀眼的羽毛，容易吸引捕食者的注意，离开反而可以保护他们母子的安全。公鸳鸯会找一个没人的地方，褪去鲜艳的羽毛，开始每年一次的换装变身——美丽的鸳鸯会变成拔毛的鸭子。等到新的羽毛长出来，公鸳鸯会找另外一只母鸳鸯，开始一段新的情感生活。唉，这么乱的鸳鸯谱，是不是神仙都不敢点？

小鸳鸯出生后的第一件大事——蹦极！

扫一扫
看鸳鸯

沙漠里的米老鼠

亚欧大陆居民卡
Eurasian Animal ID Card

民族： 啮齿目 - 跳鼠科 - 长耳跳鼠属
家庭住址： 中国和蒙古国的沙漠、荒漠地区
最爱吃的食物： 植物种子、嫩叶和昆虫
睡觉的地点： 沙洞和岩洞
个人爱好： 跳高
座右铭： 我的招风耳美不美?

长耳跳鼠
Long-eared jerboa

EURASIAN ANIMAL ID CARD NO.19

关于他的冷知识 TRIVIA

他的身体不超过一个巴掌大，却长着和兔子一样的长耳朵。

他每年需要冬眠 6～9 个月，但每两个星期会醒来一次，还是被尿憋醒的。

他拥有细长的后腿，拖着一根超级长的尾巴，有非常强的弹跳力。

小跳鼠真奇怪，就像拼出来的小可爱.

　　长耳跳鼠就像一只从"二次元"里蹦跶出来的神奇物种：个头像老鼠，腿长得却像袋鼠；耳朵像小飞象，鼻子却像小猪佩奇；屁股上还挂着一根长长的"鼠标线"，盘起来可以绕身体一圈。他是一台小功率的"挖掘机"，前腿挖，后腿踢，打起洞来就像蹦迪；他白天睡觉，四脚朝天，晚上出来，四处疯癫。他生活在中国和蒙古国的沙漠，大漠孤烟，长河落日，蹦蹦跳跳，快快乐乐。他简直就是流放到沙漠里的米老鼠、浪荡在戈壁上的小精灵。

由于腿长，他原地蹦跶可以跳1米高，相当于人类轻轻一跃，就飞上了6层的楼顶。他踮起脚来在沙漠里找嫩叶和种子，也喜欢吃各种昆虫。他大大的耳朵可以收集声音，确定虫子的位置，然后一跃而起，用小爪爪掐住，最后大快朵颐。当然，由于个头太小，大一点儿的家伙他也吃不了、打不过，遇见了就赶紧逃跑。哎，惹不起咋还躲不起？

虽然他有很多天敌，但是要抓住他也非常不容易，因为他跑起来非常灵敏；毛茸茸的爪子可以防止自己陷进沙子里；长长的尾巴保持身体的平衡，实现瞬间漂移；尾巴尖端还有一簇黑白长毛，左右摇晃，让捕食者眼花缭乱，扑朔迷离。毕竟，天黑路滑，社会复杂，没有一根逗猫棒，谁敢半夜出来浪？

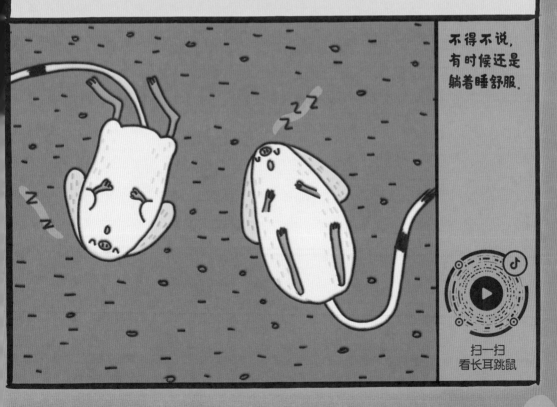

不得不说，有时候还是躺着睡舒服。

扫一扫
看长耳跳鼠

蚂蚁织叶子

亚欧大陆居民卡
Eurasian Animal ID Card

黄猄蚁

Weaver ant

民族：**膜翅目 - 蚁科 - 织叶蚁属**
家庭住址：**中国南方、东南亚和澳大利亚**
最爱吃的食物：**各种昆虫**
睡觉的地点：**树叶做成的蚁窝**
个人爱好：**编织**
座右铭：**半丝半缕，恒念
物力维艰。**

EURASIAN ANIMAL ID CARD
NO.20

TRIVIA
关于他的冷知识

他们有发达的内部通信系统，可以快速集结成一支军队，甚至可以消灭体形比自己大很多的蜥蜴。

他的腹下有个透明的储酸的小黄球，是云南的一种美食原料，外号"酸蚂蚁"。

他性格凶猛，可以放射蚁酸消灭害虫，我国古代把他养在树上，用来保护果树。

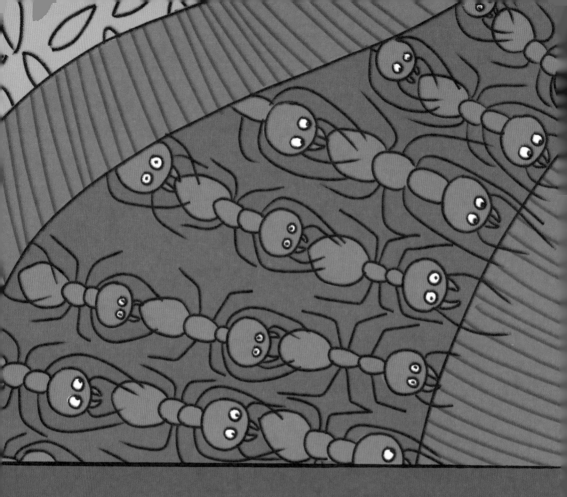

　　蚂蚁界的首席裁缝就是会织叶子的黄猄（jīng）蚁。他不像别的蚂蚁那样在地下筑巢，而是在树上生活，用叶片来建造自己的蚁巢。因为叶片对于他们来说太大了，他们需要抱住彼此的腰，一点一点地把叶子卷起来，然后用身体紧紧扣住叶片两端。这项工作非常烦琐，需要彼此配合，其复杂程度不亚于妈妈给你织一件高领毛衣。但是黄猄蚁很有耐心，一动不动，累了就伸伸大腿。哎呀，织片叶子还真麻烦，不对，真是麻脚啊！

等到叶子合上了，其中一只蚂蚁，我们暂且叫他包工头吧，就会带来一个小家伙，这就是黄猄蚁的幼虫。虽然长得白白嫩嫩，但他可不是来白吃饭的。幼虫的屁股能分泌出一种黏液，这些黏液能缝合叶片，怎么说呢，相当于盖房子的混凝土吧。小家伙还特别配合，让他拉就拉，让他停就停。个头小，用处大，真是裁缝的宝宝会织布，蚂蚁的孩子早当家呀！

靠着全家人的努力，黄猄蚁可以在树上织出各种造型的房子，有的是 X 形，有的是 Y 形，有的像个橄榄球，有的像个螺旋藻。一个蚁群平均建造 6 个不同的"别墅"，就算一个项目"黄"了，还可以赶快搬到其他地方。黄猄蚁的幼虫对于温度和湿度的要求很高，必须待在叶子里面才能健康长大。在搬家路上，如果遇到暴雨，黄猄蚁还会临时搭建一个帐篷。大人们在外面淋雨，孩子们在里面躲雨，这一大家子实在是太聪明了！

大人可以淋雨，小朋友千万不能淋坏身体！

扫一扫
看黄猄蚁

后记

　　我小的时候就喜欢在纸上画各种动物，每个动物角色都有自己的职业和喜好，我还为他们设计了非常酷的服装和配饰。当我画画时，我想象着，他们在那个世界度过了怎样精彩的一天。他们如同朋友一般，陪伴了我的童年时光。现在的我已经忘了那些幼稚笔触下的角色长什么样子，但依旧觉得他们也许还生活在我的内心深处。

　　当嗑叔找到我，我们一起讨论这个动物科普书的构想时，我感觉到这将会是一个非常棒的事情。在嗑叔的文字里，我看到了各色各样的他们。他们有的看起来不太好惹，有的充满幽默感，有的拥有一身才华，有的还爱"喝酒"。

　　这套书好像是一座城市，里面住着很多动物居民，他们穿着考究，有自己独特的性格和技能，每个动物都有自己的故事。想象自己也在这些故事里，用自己的眼睛观察这个世界，他们可能是你，是我，是我们周围的了不起的朋友。

　　　　　　　　　　　　　　　　　　　　　　如意

图书在版编目（CIP）数据

嗑学动物城：了不起的动物邻居 / 嗑叔著；如意

绘 . -- 北京：民主与建设出版社，2023.9（2024.10 重印）

ISBN 978-7-5139-4373-4

Ⅰ . ①嗑… Ⅱ . ①嗑… ②如… Ⅲ . ①动物 – 普及读

物 Ⅳ . ① Q95-49

中国国家版本馆 CIP 数据核字 (2023) 第 183382 号

嗑学动物城：了不起的动物邻居

KEXUE DONGWU CHENG LIAOBUQI DE DONGWU LINJU

著　　者	嗑　叔	
绘　　者	如　意	
责任编辑	郭丽芳　周　艺	
封面设计	如　意	
出版发行	民主与建设出版社有限责任公司	
电　　话	（010）59417749　59419778	
社　　址	北京市朝阳区宏泰东街远洋万和南区伍号公馆 4 层	
邮　　编	100102	
印　　刷	天津海顺印业包装有限公司	
版　　次	2023 年 9 月第 1 版	
印　　次	2024 年 10 月第 2 次印刷	
开　　本	700 毫米 × 980 毫米　　1/16	
印　　张	30	
字　　数	360 千字	
书　　号	ISBN 978-7-5139-4373-4	
定　　价	178.00 元（全 5 册）	

注：如有印、装质量问题，请与出版社联系。